N°3

The
모두의
스도쿠

SUDOKU

랜딩
북스

스도쿠 이해하기

스도쿠는 큰 사각형(9×9)에 1에서 9까지의 숫자가 일부 채워진 상태로 시작합니다. 퍼즐을 완성하려면 아홉 칸으로 이루어진 작은 사각형(□, 3×3), 가로줄, 세로줄의 각 칸에 1에서 9까지의 숫자를 중복없이 채워 넣어야 합니다.

작은 사각형

8		6						9
			8				1	6
2	9		6		1	8		
	3			6	8	4		2
9			5	3	4	6		1
6		7	1		2	3		
	6		3	4	7	2	5	8
	5	8					3	
		4	9	8	5			

가로줄

세로줄

큰 사각형(9×9)에 보이는 숫자들을 잘 살펴보고 각 빈칸에 들어갈 숫자를 알아내세요.

처음에는 확실한 숫자부터 채워나갑니다. 처음부터 빈칸을 다 채우려고 하면 오히려 헷갈려요. 반대로 한눈에 봐도 자리가 확정된 숫자들이 있는데, 그걸 먼저 채우면 퍼즐이 서서히 풀리기 시작합니다.

다음으로 작은 사각형(3×3)을 기준으로 보는 습관을 들여야 합니다. 처음엔 가로줄, 세로줄만 보게 되는데, 사실 중요한 건 작은 사각형(3×3) 안에 1~9까지의 숫자가 중복되지 않도록 채우는 거예요. 이걸 의식하면서 보면 빈칸의 숫자가 좀 더 쉽게 보입니다.

1. 작은 사각형 안에 1~9까지 숫자가 중복되지 않게 채운다.

2. 가로줄, 세로줄에도 1~9까지 숫자가 중복되지 않게 채운다.

3. 모든 작은 사각형, 가로줄, 세로줄에 1~9까지 중복되는 숫자없이 모든 칸 안에 하나의 숫자가 들어가야 한다.

Tip. 작은 사각형이나 가로줄, 세로줄에서 빈칸이 가장 적은 사각형들을 먼저 채워 나가면 퍼즐을 쉽게 풀어나갈 수 있다.

스도쿠를 푸는 방법

1. 작은 사각형, 가로줄, 세로줄 확인하기

스도쿠의 시작은 작은 사각형(3×3), 가로줄, 세로줄을 분석하는 데 있습니다.

예를 들어, 하나의 작은 사각형(3×3)에 1, 2, 3, 4, 5의 숫자가 이미 들어가 있다면, 그 작은 사각형(3×3)의 나머지 칸에는 6, 7, 8, 9 중 어떤 숫자가 들어갈 수 있는지를 결정할 수 있습니다. 이처럼 각 빈칸에 들어갈 수 있는 숫자를 고려하는 것은 문제 해결에 큰 도움이 됩니다.

1) 3×3의 작은 사각형 푸는 방법

㉮의 작은 사각형에서 A, B에 들어가야 할 숫자를 찾아보자. ㉮의 작은 사각형에 들어가야 할 남아 있는 숫자는 2와 8이다.

A의 세로줄에 이미 2가 있으므로 B에 2가 들어가야 한다. 그러므로 A에는 8이 들어가야 한다.

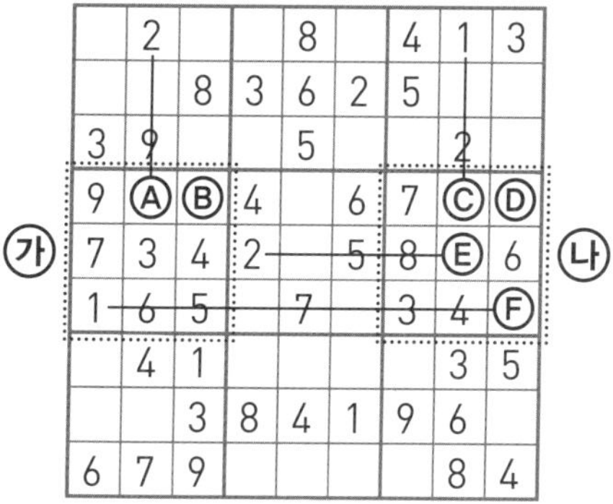

	2			8		4	1	3
		8	3	6	2	5		
3	9			5			2	
9	Ⓐ	Ⓑ	4		6	7	Ⓒ	Ⓓ
7	3	4	2		5	8	Ⓔ	6
1	6	5		7		3	4	Ⓕ
	4	1					3	5
		3	8	4	1	9	6	
6	7	9					8	4

㉮ ㉯

㉯의 작은 사각형에서 C, D, E, F에 들어갈 숫자를 찾아보자. ㉯의 작은 사각형에 들어가야 할 남아있는 숫자는 1, 2, 5, 9이다.

1이 들어가야 할 자리는 C, E의 세로줄과 F의 가로줄에 이미 1이 있으므로 D에 1이 들어가야 한다.

2가 들어가야 할 자리는 C, E의 세로줄에 이미 2가있으므로 F에 2가 들어가야 한다.

5가 들어가야 할 자리는 E의 가로줄에 이미 5가 있으므로 C에 5가 들어가고, 나머지 9는 E에 들어가게된다.

2) 가로줄과 세로줄 푸는 방법

㉮의 가로줄 A, B에 들어가야 할 숫자를 찾아보자. ㉮의 가로줄에 들어가야 할 남아 있는 숫자는 8과 9이다.

A의 세로줄에 이미 8이 있으므로 B에 8이 들어가며 나머지 9는 A에 들어가게 된다.

㉯의 세로줄 C, D에 들어가야 할 숫자를 찾아보자. ㉯의 세로줄에 들어가야 할 남아 있는 숫자는 1과 5이다.

㉰의 작은 사각형에 이미 1이 들어가 있으므로 C

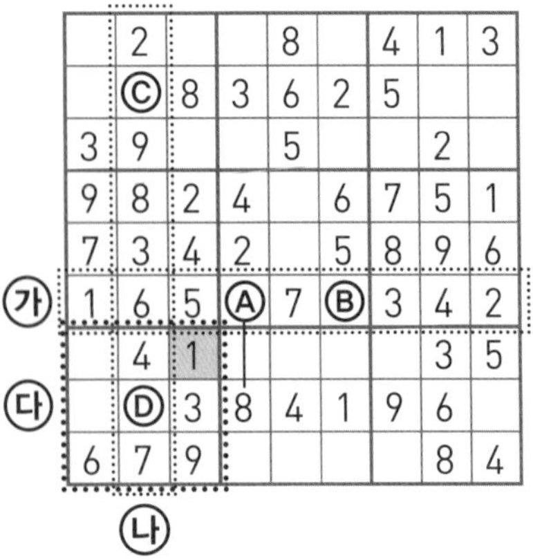

	2			8		4	1	3
	Ⓒ	8	3	6	2	5		
3	9			5			2	
9	8	2	4		6	7	5	1
7	3	4	2		5	8	9	6
1	6	5	Ⓐ	7	Ⓑ	3	4	2
	4	1					3	5
	Ⓓ	3	8	4	1	9	6	
6	7	9					8	4

㉮ (가)는 6번째 가로줄, ㉰ (다)는 8번째 가로줄, ㉯ (나)는 4번째 세로줄에 표시되어 있다.

에 1이 들어가며 나머지 5는 D에 들어가게 된다.

2. 후보 숫자 적어두기

초보자에게 가장 추천하는 방법 중 하나는 퍼즐을 풀다가 막히면 빈칸에 들어갈 후보 숫자를 모두 적는 것입니다. 이렇게 하면, 특정 칸에 들어갈 수 있는 숫자의 범위를 줄이는 데 효과적입니다. 예를 들어, 특정 빈칸에 7과 8이 넣을 수 있는 숫자라면, 그 칸에 작은 글씨로 적어두고 다른 숫자들과의 관계를 살펴보세요. 각 칸에 적힌 후보 숫자를 통해 어떤 숫자가 들어갈 수 있는지를 파악할 수 있습니다. 이 과

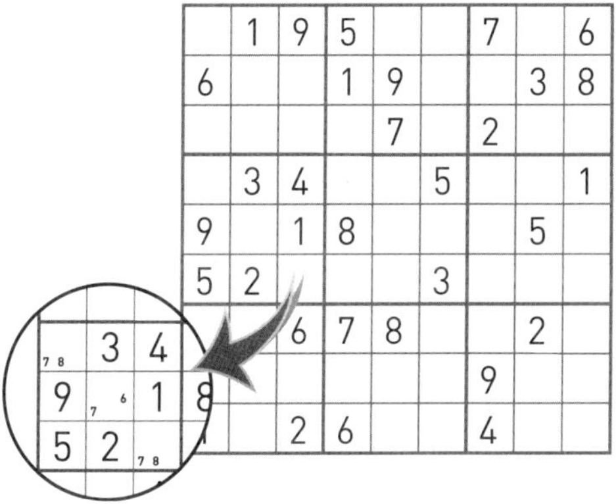

	1	9	5			7		6
6			1	9			3	8
				7		2		
	3	4			5			1
9		1	8				5	
5	2				3			
			6	7	8		2	
						9		
			2	6		4		

정은 처음에는 다소 번거롭게 느껴질 수 있지만, 반복하면서 훨씬 더 익숙해질 것입니다.

3. 적절히 휴식하기

스도쿠 문제를 풀다가 중간에 잠시 생각을 멈추어 정리할 필요가 있습니다. 이를 통해 퍼즐 전체를 다시 검토하고 새로운 관점을 발견할 수 있습니다. 때로는 문제에 갇힌 상태에서 벗어나 잠시 휴식이 필요합니다.

4. 시간제한 두기

스도쿠 문제를 풀 때 시간을 체크하고 시간제한을 두는 연습을 합니다. 일정 시간 내에 퍼즐을 푸는 연습을 하면서 보다 효율적으로 문제를 해결하는 능력을 키울 수 있습니다. 초기에는 여유롭게 시간을 두고 생각하며 문제를 풀다가, 점차 빠른 속도로 문제를 해결하는 것을 목표로 하는 것입니다. 제한된 시간이 주어지면, 긴박감 속에서도 논리적인 사고를 유지하는 데 도움이 됩니다.

5. 다양한 난이도 도전하기

스도쿠를 더욱 잘 풀기 위해서는 다양한 난이도의 퍼즐을 시도하는 것이 중요합니다. 쉬운 문제부터 시작하여 점차 어려운 문제로 넘어갈 때 자신의 발전을 느낄 수 있습니다. 초기에는 쉬운 문제로 감을 익히고, 중간 및 어려운 난이도로 넘어갈 때는 보다 분석적인 사고가 필요하다는 것을 깨닫게 될 것입니다. 이렇게 하면 스도쿠에 대한 자신감을 키우고, 실력을 단계적으로 증진시킬 수 있습니다.

이 책은 난이도에 따라 ★★(보통), ★★★(어려움), ★★★★(매우 어려움)으로 구성되어 있습니다.

※ 스도쿠는 단순한 숫자 퍼즐이 아니며, 깊은 사고와 전략적 접근이 필요한 도전적 게임입니다. 초보자라 하더라도 앞에서 언급한 방법을 통해 문제 해결 능력을 기를 수 있습니다. 한 문제씩 차근차근 풀어보며, 스도쿠가 주는 재미와 보람을 느껴보길 바랍니다. 지적으로 도전하는 과정을 통해 머리도, 마음도 한층 성장하게 될 것입니다. 스도쿠를 통해 문제 해결 능력을 기르고, 삶의 여러 도전들에 대해 보다 자신감 있게 접근할 수 있기를 기원합니다.

SUDOKU

001

★★

			7		8	3		
		7		6	1		2	
5		8		3	2	6	1	7
	3			7	9		8	5
			3		5	7		
		1	6			2	3	
			8	2	6		9	
9	6	5		4			7	
2	8			5	7	4	6	

정답은 **130쪽**에 있습니다.

SUDOKU

002

★★

			5	6		4		7
	7		1		2		3	5
		6			4			
					5	9		4
			6		1	2	7	
6	4	2		7	9		1	8
				5	3		4	6
9	6	4	8	2		3	5	
	8	5	4		6		9	

정답은 **130쪽**에 있습니다.

SUDOKU

003

★★

	2	4		5		9		7
1		3	4		8			5
5	7			9			3	4
	5	7	8			4		3
9				2			1	8
4		1					7	
8	6			4	7			1
			5		6		4	2
7	4	5		3	1			

정답은 **130쪽**에 있습니다.

SUDOKU

004

★★

		4	1		9			6
2	1				6	8	7	
5						1	2	
3	4		2					8
1	8	6	5				4	
9	2			6	4			5
4	9	1			5		6	7
6	3		9			4		
7			6			9	8	3

정답은 **130쪽**에 있습니다.

SUDOKU

005

★★

8	4	5	1		6			7
	6				3	1		
1	3		4		9	2	5	6
5			8		1	3		
3	8	1					7	
6		4	5				1	9
	9		6		8			4
						6	9	1
4		6		9		7		3

정답은 131쪽에 있습니다.

SUDOKU

006

★★

9			1		7	3		
		6	9		3	1	5	
4		1	8			7		
		8		9			3	
			4			8	9	1
3	2	9				4		5
2	6	7	5		4			3
	9			6			1	7
8	1	3	2	7				6

정답은 **131쪽**에 있습니다.

SUDOKU

007

★★

3								2
6	2	4				9		
1		8		4			5	
	8	2		9	6			
		1			3	2	6	
	6		5	2	8	4		
8			2	6	4	5	9	
5	1	6			9	8		4
2	4		8	1		6		3

정답은 **131쪽**에 있습니다.

SUDOKU

008

★★

				3	9	4	5	
		4				6		
			6					
			4	2		8	9	
	9	8	5	1		2	4	3
6	4	2	8	9		1		
	6		9	7			8	2
2	7	1		5	8		6	4
	5	9	2		4	7		

정답은 **131쪽**에 있습니다.

SUDOKU

009

★★

	7		9			8		1
		4						
1			8	7			6	9
	1	7		5	8	6		4
	5		2		4	3		7
	6		7		1	5	2	8
7	4	2	6			1	3	5
	9					7		2
5	3		1		7			

정답은 132쪽에 있습니다.

SUDOKU

010

★★

6		9					4	8
7	5	4	8		9			1
				3	4	5		
8	4	1				6	7	2
		5				9		3
	6	3			7			4
	9			6	8			5
4	1	6	3	7		8	2	9
5	8	7		1		4	3	

정답은 **132쪽**에 있습니다.

SUDOKU

011

★★

7		4	2	1	8			
2		1				7		
			4		5		2	6
	2	7	1					5
			5			9		
		5	9	4	2	3	1	7
1						4		3
			7			6	9	
			3	6	4	2		

정답은 **132쪽**에 있습니다.

SUDOKU

012

★★

1		2	5		8		6	
	4		3					9
	3	6	2	1	9		5	4
		4				1		
		7	6			3	2	
	2					6		7
9			4	8		5		6
		5	9		7			
	8			6				2

정답은 **132쪽**에 있습니다.

SUDOKU

013

★★

	5		3			4		8
4					5	3	9	6
2	3	6						
	4			8		2	6	
8	9			5		1	4	3
	2			4		9		
3	6			1				
5		1		2	7	6		4
9	7	4	8	3		5		2

정답은 **133쪽**에 있습니다.

SUDOKU

014

★★

		7	6			8		1
				9		4		7
4			7	5			9	3
	1	5	3			9	7	
		4			9	3	2	
6	3			7	2			5
1	4			6	5		3	
9		8	1	3			4	2
7	5			4	8			

정답은 133쪽에 있습니다.

SUDOKU

015

★★

	9	1	2				6	
7	4	6			3			2
		8	7	6				
				1	7	6	2	9
6	5	9		3		8		7
2	1	7			8	3		
		5	3	4		2		6
	6		8	7	5	4		
4				2			8	

정답은 133쪽에 있습니다.

SUDOKU

016

★★

9				2	7		5	3
		8		1		9		7
		7	8					4
	7	1		8	3		2	
4			1	6	5		3	8
3	8		9	7		5	4	
		5			8	3		
7	9		3			1	8	
8					1	4		2

정답은 **133쪽**에 있습니다.

SUDOKU

017

★★

		8						4
1		4	6			9		3
3	9	7		4	2		5	
		3					6	9
8	6		9			3	4	
9								
		6	4	9			2	
	8	1		3				
						4		1

정답은 **134쪽**에 있습니다.

SUDOKU

018

★★

				1			7	6
	4			9	3			8
1	6					9		
2	5	4	8	6	1		9	
	1							
		9	7				6	2
8			9	3	4			
4		1		5	6	7		
6				7		5		9

정답은 **134쪽**에 있습니다.

SUDOKU

019

★★

4			2	7				
	9					4		
					5	1		6
	7		3			8		
5		2		9				4
	6	1				7		
7			4	5			9	
			1		9	2		
1				6			8	3

정답은 **134쪽**에 있습니다.

SUDOKU

020

★★

5	2	3			8			
		9	3					1
1				9			2	
9	3			1				
8		7	9					
2			4		5	7	9	3
		2		4		6	3	
	9		2					7
		4	8			2	1	

정답은 **134쪽**에 있습니다.

SUDOKU

021

★★

3		9	1		8	4	5	
						3		
8	1	6	3	5		9		
5					7	8		2
		3				5		4
9		2						
2	7				3	1		
6	9			1	5	2	3	8
1		5	2			7		

정답은 **135쪽**에 있습니다.

SUDOKU

022

★★

3						9	7	2
	1		7				3	4
8	7		4	3	9	1	5	
5		8	3		1		4	
2	9			7	4	3		
					6		1	9
	5	6	2	8		4		
	8		9	4			2	
9	2		1		3			

정답은 **135쪽**에 있습니다.

SUDOKU

023

★★

8				3		9		
5	9		1					8
6				9		2		5
7		1	9			8		
4		8		2	5	3	9	
		9	4	8			7	6
1	4	7		5	8	6		9
	8					1	5	
2	3				9	7	8	

정답은 **135쪽**에 있습니다.

SUDOKU

024

★★

5	3			6		8		1
				3	2	4		6
2	6	4			5	9	3	
	9	5			6			
4	7				8	1	6	3
	1	6		4		2	9	5
			8			5	1	4
7							8	
9		8	3				7	2

정답은 135쪽에 있습니다.

SUDOKU

025

★★

5					7			6
	1			2	5		4	9
	2		9	6		5		8
	3	2		9			7	
8	7		5					
	6		7		8	4		
4	5		8				9	3
3	8	1	2	4	9	6		
2		7		5		1		4

정답은 **136쪽**에 있습니다.

SUDOKU

026

★★

		5	8			6	3	
					5	7	2	
			6		1	5	9	
2				4	3	8		6
	7			8		4		
4			1	5		2	7	9
		4	5		8	9	6	7
6		1	2	7	4			5
	5	7			9			2

정답은 136쪽에 있습니다.

SUDOKU

027

★★

5		1	3	4	8			
4		2			7		1	
3		7	2	1	9		4	
6		5			2	4	9	
			4		6		3	
1	4			3	5		2	8
		4		2		7	6	
			5		3			
8		3	9	6			5	2

정답은 **136쪽**에 있습니다.

SUDOKU

028

★★

			6	5	8		1	7
			3		4		8	2
4		1	7	9		6	3	5
8			9	2		7	6	
6	3	9	5	7				4
		2	8				5	9
1			2	6				3
				8	7			6
9		7		3	5	2	4	

정답은 **136쪽**에 있습니다.

SUDOKU

029

★★

		3		4		9		8
6	1		5	8		3	2	7
		8						4
5	6		7	9	4		3	
	4	9	8					
		2		5			4	9
		5				7		1
					3		5	
			1	7	5			

정답은 **137쪽**에 있습니다.

SUDOKU

030

★★

	7		8	4	9			
	6			3		1		
5		9		1		3		
6	9	7			4		2	
				5	3		4	
	4		9		2	6		8
8	5	6	4					
			3	2		8	5	
	3					4	9	1

정답은 **137쪽**에 있습니다.

SUDOKU

031

★★

1	2		5			9	8	7
	5			2			6	1
		7			1	5	2	
8	4	2		6			3	9
		3	2	1		6		
	7			4	3	2		
	1			5		8		2
9			4	8	2		1	
2			1			3	4	

정답은 **137쪽**에 있습니다.

SUDOKU

032

★★

4					5	6		
	1	6	4		7			5
9	5	8			1	2		7
			9	5				6
1			7	4		3		
		2				4		9
		1	5	2	9		6	
7	2						1	3
		4		7	3	9	2	8

정답은 **137쪽**에 있습니다.

SUDOKU

033

★★

	8	9		6	3	7	2	
3	6			1		4		
								6
2		8		9	5	6	1	4
					6	2		
6		1		4	8	3		5
9	3				1			
	1					5	6	
8		6		2	4	1	9	

정답은 **138쪽**에 있습니다.

SUDOKU

034

★★

	3		2		1	5		
2		5			7	6	1	
	1	8			5			2
3	8	6				1		
	9		8		4	7		
	5	4					9	
5	2	9		6		3	4	
4	7	3		9	2	8		
8			4	7		9	2	

정답은 138쪽에 있습니다.

SUDOKU

035

★★

	7			2				5
5	8		3	1			9	6
9	3				6	1	8	
			2				6	
	2		5	6	3	9	1	4
3				8				7
4	5		6		2	8		
8			4		1		5	
2			8	7	5	6		9

정답은 **138쪽**에 있습니다.

SUDOKU

036

★★

			3	4			5	7
3		9	2	7		8		
	6			1	9	2		
8	5	4				3		6
		3			7			2
	7		5	3	4			9
	9	1	4	5	3	7		
4			9	2		6		5
5		2			1		9	

정답은 **138쪽**에 있습니다.

SUDOKU
037
★★

8		6			4			
	7		6		8	4	1	
		2	5		7		8	9
7	2	4	9				3	
	6		4		2		5	7
5			3					4
6	5	7					9	1
		8	7	6				3
4	3	9		1			7	6

정답은 **139쪽**에 있습니다.

SUDOKU

038

★★

1	6		3		5	7		
8			1	7	4		6	3
7	3		8				1	
						9		
		3		1			8	
9	4	6	5		8	1	2	
	1	8	7		9	3		
3		5	4					
4	2		6		3	8	9	1

정답은 139쪽에 있습니다.

SUDOKU

039

★★

	6	9	2	7	8			5
8			9			7	6	2
		2					9	8
7		8		2			5	
		3	4		7	9	2	1
		4	1	6			3	7
	8	1	6				7	
	4		7		1			9
5						6	1	4

정답은 139쪽에 있습니다.

SUDOKU

040

★★

				3	1	5		2
	8	3		7				
5		6			9			7
1		8			2	6	7	
7	9		6			8		
		5			4	2	1	9
		1	3	6	8	7		
		7			5	9		6
	6				7		5	

정답은 **139쪽**에 있습니다.

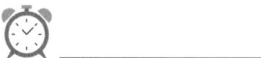

SUDOKU

041

★★★

						1		
	5		7	6			3	
		7		2	5			
	8				9			
						2		7
5		4	6	8		9	1	
		2					9	1
				7		3		6
	6	5	1	3				

정답은 **140쪽**에 있습니다.

SUDOKU

042

★★★

	5			1				4
				8	6			
			3		9		5	
		8		5			4	
	3					6	2	5
7				3				
	8		7	2	3	1	9	
3	9		1	6			8	
	1	6			5		3	

정답은 140쪽에 있습니다.

SUDOKU

043

★★★

				9	7	8	6	
		4	5	1			3	
								5
			2	3		4		
7			4		9		5	
1			8					
2		6	9		3	5	4	
3						2		
	8	7		5		3		6

정답은 **140쪽**에 있습니다.

SUDOKU

044

★★★

	7		4			2	8	
		5	6	8			4	
3			2		7			
	6		3			1		
7		1	9		2	8		4
								9
	1		8		9			
	4	7			6			
9		8		2		7		

정답은 140쪽에 있습니다.

SUDOKU

045

★★★

				8			6	7
8	2		1	6	4			
	4	3				2	1	8
3		2	7	1	6			
	1			4	9			2
					8			
		6						5
2		5			3			
1	8		6	2	5		7	9

정답은 **141쪽**에 있습니다.

SUDOKU

046

★★★

3		2			1	5	6	7
5	4		2				1	
		1	9				3	2
	5		7	6	2	3		8
		3				6		
6	8				4		2	
					5		9	
		5				1		6
	6	4	1	8	9	7		3

정답은 **141쪽**에 있습니다.

SUDOKU

047

★★★

6					4			
						2	6	3
	8	7						5
						7		
		2	8			4		
				7	9		2	
3		5	7	4		6		
4		9	3		6			8
8	7	6		1	2	3		

정답은 **141쪽**에 있습니다.

SUDOKU

048

★★★

		1			2	4		
	7				9		2	
5		9				6		1
	3					2	5	4
		6		7			1	
	1				8	3		
			2	8		7		6
6		5	7			8		2
			6	3				

정답은 **141쪽**에 있습니다.

SUDOKU

049

★★★

	9				4	7		
7				3			4	5
5	4				7	9	6	3
				9	6		1	
			8	1				
2							8	
		4						
1			6				3	
6	5	9	3	4	1			8

정답은 **142쪽**에 있습니다.

SUDOKU

050

★★★

		5		2				
	1		5		7			
4				9	8			
1		2	8	6		7	5	
	4	9						
	7					3		
	9			8		6	4	7
	5	4	3			9	8	1
		6	4					

정답은 **142쪽**에 있습니다.

SUDOKU

051

★★★

9						8	7	
	1		8	2	5			6
8	5		7		4			
							2	4
	4			5			1	
					8			9
4				8			5	
	8			3		9		1
2		7	5	4			8	

정답은 **142쪽**에 있습니다.

SUDOKU

052

★★★

2			1		3			8
	8	3	2					
		4	8				1	
8							7	
9	5					1		
6					1		2	9
	7				8	6		2
	1		3	4	2		9	
	2	8	6					

정답은 **142쪽**에 있습니다.

SUDOKU

053

★★★

				6	3	1		
7			2	4	9			
6		2		1			9	
5		8			1		3	
		9	4	3		7		5
2		3	9					
	5				2			3
	2			9	4		1	7
		7	6				4	

정답은 **143쪽**에 있습니다.

SUDOKU

054

★★★

5	7	9	8	1		4		2
8			5	2		3		7
								1
1						5		
6	4						2	
7	5			3	8		1	4
			3				7	
4	8							5
	3	6				1		

정답은 **143쪽**에 있습니다.

SUDOKU

055

★★★

	7	3	6			4		
9		2		4	8		3	5
					2		7	
5	8	4						
3				1		5		
		1	2		5		4	
2	6				9	7	5	1
				2			8	
1					7	3	2	

정답은 **143쪽**에 있습니다.

SUDOKU

056

★★★

7				2	6			
	1	6		5	8		2	3
4	5	2		9			8	1
1		8	5			2		
	7		2		3	1		
			7	4			5	
		5	9	7		8		
	6	1			5	9	7	
			6	1	4		3	

정답은 **143쪽**에 있습니다.

SUDOKU

057

★★★

5	7							9
			5		8			
8		4				7		3
	2	3				1		5
		8	7			3	4	6
	4						8	
	8	6		3	7			
1	5		4		2		3	
4			6	5		2		

정답은 **144쪽**에 있습니다.

SUDOKU

058

★★★

7				1			8	4
8		1	7		4		9	3
			9		5		2	
6		3					1	2
	2			9				6
	1							
1		6	2					
9		7		6		2	5	
				7				1

정답은 **144쪽**에 있습니다.

SUDOKU

059

★★★

	7		4	3			6	
5						4	9	3
			2					
6	5					9		8
			9	6	8			2
						3	4	
9	2			4	7	8		
	1		6					
	4	7		8	2	6		

정답은 **144쪽**에 있습니다.

SUDOKU

060

★★★

1			2			4		
			7				6	
	2	4		9	6	1		
		1		5		8		
			8	3	9			
8					1		5	
	4			6		9	7	2
			9	7	5			
	9	8			2		1	

정답은 **144쪽**에 있습니다.

SUDOKU

061

★★★

3		9		6			5	4
	2			7	5		3	9
	8	5					7	
				3	7			
8			6	4		7		
7	9					3		
9								
		8	7	5			6	
1		7	2	8				

정답은 **145쪽**에 있습니다.

SUDOKU

062

★★★

6		5		3		2		8
				6		3	7	
	3							6
8			7				4	
				4				
	4		8	5	9		2	
		1		7	5	8		
			1	9		7		
9			3	2	6		5	

정답은 **145쪽**에 있습니다.

SUDOKU
063
★★★

1		8		7				
3	4		5		6	7	2	8
						8		7
2	8		9					5
7	5							1
4					8		5	
	1		6	9				4
	9		4	5		6	7	

정답은 **145쪽**에 있습니다.

SUDOKU

064

★★★

							7	
	3	7		9		2		8
2	9		7	6	3	1	4	
5								
				1		9	5	
					5	8		7
		3		8				1
8	5		2		7			6
		9	4					3

정답은 **145쪽**에 있습니다.

SUDOKU

065

★★★

		3			6		8	
1		9			5			6
		5				4		
7			5	6		8	9	4
9		6	3				7	
		4			9	1		3
6	5			1				
				9			5	7
3						2		

정답은 **146쪽**에 있습니다.

SUDOKU

066

★★★

			2	1			5	
	2	3	5	7		1	4	
9	8		1			4		
6	1	4		3	7			
			4	6				1
1		2				7	3	5
3	9	6	7		1	2		
	5			4	2	6		

정답은 **146쪽**에 있습니다.

SUDOKU

067

★★★

	8	4				2	7	9
			9	5		8	4	
		2						
	4	6	2		5	7		1
9	3		4					
	1				7	9	6	
							9	
6		9	3			1	8	
4			1	2	9	3	5	6

정답은 **146쪽**에 있습니다.

SUDOKU

068

★★★

		6	5	7		2		
2			8			5		
			2		1		6	8
	5				8			
1			3					
7	4				6		9	5
		1	7			8		
	2	5		1	4	6	3	
		3	6	8	5			9

정답은 **146쪽**에 있습니다.

SUDOKU
069
★★★

4	3		6					8
					3			9
6	9	7	8		2		1	4
1	6	5	7				2	
7				6				
							6	
			9		6	5		
	8	9	1	2	5			
					4	8		

정답은 **147쪽**에 있습니다.

SUDOKU

070

★★★

5		7		9			3	
		4			8	1		
3	6		1		7		4	
						8	5	2
		3	9	2			6	
		6	7		5	3	9	1
	3	5	8				2	4
4	7		3	1	9			
		9	5				1	

정답은 **147쪽**에 있습니다.

SUDOKU

071

★★★

6		7						5
	4	5		9		8		
1	3						2	
3	9	4					1	2
					5			
7			2					
		6	9			7		
5				2	4	9	6	3
				5	7	2		8

정답은 **147쪽**에 있습니다.

SUDOKU

072

★★★

		3					8	
7					8			5
4		6	5		9	7	2	1
		7			1			
9		1	6					8
	4			7	5		9	
1				9	2		5	
	9	8			7		6	
2								

정답은 **147쪽**에 있습니다.

SUDOKU

073

★★★

		6		1		3		
			9			2		
	3						9	7
	1			5		6	2	9
						7		
	7				1		8	
2			6				3	
5	6	3	4	2				1
	4			9	3	5		2

정답은 **148쪽**에 있습니다.

SUDOKU

074

★★★

	9	7					3	6
			6		5			
				2	9		4	
1						8		9
3		5	8			4	2	7
		8			7		1	3
	3		9	7		6		
7			5	8	2			
4			3	1				2

정답은 **148쪽**에 있습니다.

SUDOKU

075

★★★

			9	1	8			4
					7	8		
		1	3			6		
			1		5	4		
1		4			3			7
			4	9		1	3	
7		8	6	3	1	2		5
3		5		4	2			
6			7		9			

정답은 **148쪽**에 있습니다.

SUDOKU

076

★★★

6				5	4			2
			7		1	4	6	
8							5	1
		2				9		
4	6						2	3
			2	3			4	
	2		5	6	8		7	
7	8			1	9			5
		4			2		9	6

정답은 148쪽에 있습니다.

SUDOKU

077

★★★

		2	8	1	7	9		
9				6				
	5		4			8		
		5			4		8	9
	9					5	6	
	1				2		4	
5						4		3
		3			9		1	
				7	8	6	9	5

정답은 **149쪽**에 있습니다.

SUDOKU

078

★★★

1			9		7		4	
4		6	2				3	
		5			3	7		
7	9							
		4					8	
		2				9		4
2		7		4		8	6	1
3	1				6	4		
	4						5	2

정답은 **149쪽**에 있습니다.

SUDOKU

079

★★★

				1	7			
	7		6		3	5		
								6
	9			4				
	8	3			2			5
	5	4	3	6				
		1		3		4	5	
8	3				4		2	7
	4	6		5	8	3		

정답은 **149쪽**에 있습니다.

SUDOKU

080

★★★

6		8		4	7			
		9		6		1	7	
7					5			
					1			6
	7		5	2				1
9					3		4	5
4				1	9			
		2	6				3	
	6	5	2			9		8

정답은 **149쪽**에 있습니다.

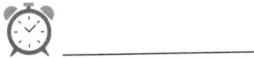

SUDOKU

081

★★★

2								8
	4	6	7					
7			1			2		4
1	3	8			2			5
5		4		8			2	
			5	1				
	7	1		4	6	5		
					1		6	
			8	9	7			1

정답은 **150쪽**에 있습니다.

SUDOKU

082

★★★

	6			7				
			6	4	2	5		
		7	1		5	6		3
			5		4			7
4	7				9		5	8
5	3		8			1		
9	8					7		
			4		6		2	5
6								

정답은 **150쪽**에 있습니다.

SUDOKU

083

★★★

4		2	7					
	3	9			4			7
	1	7					9	
			1	8		9		
3			5					1
9				3		8	5	6
7	5	3		2		1		
1							2	5
			3					9

정답은 **150쪽**에 있습니다.

SUDOKU

084

★★★

	5	4	6					
3						9		7
	2						4	
		3	9		1	5		
	8	9				3	7	
	7			8	5		9	6
4		6		5	8			
	3		4					
7			1		2		6	

정답은 150쪽에 있습니다.

SUDOKU

085

★★★

2	1				4		6	
6		4	8				5	
	3			1		2		
1					5	6		
		3		4				
9	5				2			8
4		1			7	5		
		5		9				6
		6				7	8	4

정답은 **151쪽**에 있습니다.

SUDOKU

086

★★★

	1	5						6
9	4		3	7				5
	2			5		4	8	
				8	9	3	2	
8	7	3	2	6	5			
2			7	3			5	8
		2			7			1
			5		8	7	9	
			4			5	6	

정답은 **151쪽**에 있습니다.

SUDOKU

087

★★★

	4	7	2				9	6
		5		9		1		
	1		4	8	6			2
9	7	3		4	2	8	1	
				7		2	3	
	2	8		3		7	6	
			9	6	8	4	5	
		4	5				2	
			3					

정답은 **151쪽**에 있습니다.

SUDOKU

088

★★★

	1		3			4	5	2
3				2	4			
				1	6	3	8	
	4		8	3	5		7	6
								4
8				6	1	2	9	
7	3			5	2			
			1			5		
5		4	6		7			

정답은 **151쪽**에 있습니다.

SUDOKU

089

★★★

1			3		5		7	
		6			8	9		
				1	4			6
		7	6	3				
	4					6	5	
6			4					2
	1	4	2	7			8	
		2	1				9	4
7	8			4		2		

정답은 **152쪽**에 있습니다.

SUDOKU

090

★★★

		7		3	9			
							1	4
	3		2			9		7
1							8	3
		6	5			1	4	
					6			9
		8		4	1			5
	2	9	8		7	4		1
	5	1	3					8

정답은 **152쪽**에 있습니다.

SUDOKU

091

★★★★

	4						3	
5			1		9			
9						2		7
			3		7		9	
			2					4
	1	7		4				
	5			6				
6					3	9	5	
	7	8		9	4	6		1

정답은 152쪽에 있습니다.

SUDOKU

092

★★★★

			2					
		5					7	
8			5	6				9
				1				
5						3		7
	9	8	7		4			
					2	4	1	
7		1	4		9			6
	5	2	6	8				

정답은 **152쪽**에 있습니다.

SUDOKU

093

★★★★

4		5	1					
		6			8	2		
6								7
1	4			9				
	9	7			3	6		
2				4		5	3	
				8		9		2
				3	6	1		8

정답은 **153쪽**에 있습니다.

SUDOKU

094

★★★★

	1	2						
					4			8
5					9		1	
			9		8		6	5
3			4					
						1		
		9	5			6		4
7		5				2		1
4	2				7			3

정답은 **153쪽**에 있습니다.

SUDOKU

095

★★★★

								7
			6			4	2	
				7			3	
	2	6	1			9		
	8							4
		3			4	2		
6		8		5				
		2			1	5	6	
		9				3	7	2

정답은 **153쪽**에 있습니다.

SUDOKU

096

★★★★

			8	5			7	
		6				1		
	2							
				2			4	
		7				9		2
	4	5			7			1
6	7			3				
				4	8		5	9
	5					6	3	8

정답은 153쪽에 있습니다.

SUDOKU

097

★★★★

		9			2		1	
7	4		9	6				8
	8	5		3			9	
	7					1		
		4			6	8		
					1		2	5
3						9		
	5	8			7	6	4	
				2				

정답은 **154쪽**에 있습니다.

SUDOKU

098

★★★★

			7	9				
6				5		2		
		8	2					7
	1				6			3
7			1					
					2			8
				8			6	
4		7			5		8	
	9			2	7		3	5

정답은 **154쪽**에 있습니다.

SUDOKU

099

★★★★

9		5						
	8		4					6
4				9		1		
	1					2		
8			3		7			
	7				1	4	8	
					9			1
		9		4				
		1	7	8			9	2

정답은 **154쪽**에 있습니다.

SUDOKU

100

★★★★

6			7				3	2
	9	2			6			4
	8				3	5		1
			3		2	4		5
5			4				7	
1				9	7			
2				4				
			8	7		2	1	
						8		7

정답은 **154쪽**에 있습니다.

SUDOKU

101

★★★★

	3			7				6
	9			8		4		3
			6	3			5	
2			8	6				9
		4		2		6		
	8	1					3	
	4			9	6		2	
	6	7		5	2			
	2					7		

정답은 **155쪽**에 있습니다.

SUDOKU

102

★★★★

8	1	2		7		5		
6				3				2
	4		2	5				6
			7			4		
	6	3			5		1	
			6			8	2	
	2					3		4
					1		9	
	8	9		2				

정답은 155쪽에 있습니다.

SUDOKU

103

★★★★

			8					9
2		5		6				4
6	8		1					
	6		2					
		4			5		1	
1				3				6
9	1							2
			7		6	4		
	2	6					3	5

정답은 **155쪽**에 있습니다.

SUDOKU

104

★★★★

			8		4			
	8	7		1				
	9					3		
			7					
		9		6		1		
3						6		2
		5		4			9	
			2		9		7	6
	2	4	6	7		8	5	1

정답은 **155쪽**에 있습니다.

SUDOKU

105

★★★★

6			8			7		3
3	7				6	9		
					1			
9				6				
	5	3		1	7			6
		1		7				2
	6			4			1	
	3				2		9	5

정답은 **156쪽**에 있습니다.

SUDOKU

106

★★★★

	7	9						
					9			1
4	1		2					
1		7		3	4			9
	9	3		5				6
5	4						1	
			7			3		
2	5		4		3		9	
	3				8	6		2

정답은 **156쪽**에 있습니다.

SUDOKU

107

★★★★

	4		9		2		5	8
5			3	7	8			
				1		7		
3			1					7
	9	1	2	8				
				3	6	5	1	
	3							4
8	1			2				
						6		

정답은 **156쪽**에 있습니다.

SUDOKU

108

★★★★

	9			5	6			1
1	4					5	3	2
		8	2					
		3				9		
	5		8					
6	2			1			5	3
3						7		
			6		3	2	1	
				2	9			

정답은 156쪽에 있습니다.

SUDOKU

109

★★★★

6		9	8	1		2		
		2		7	9	6	1	
	3							5
						3		
					8			
			7		5		9	6
	9	5		4				
1	6		9					2
	7	8	1				6	

정답은 **157쪽**에 있습니다.

SUDOKU

110

★★★★

		7			6	8		
9		5						
6			8					1
			2		9		6	
8	1				7		2	
7		9						4
	6		3		8			
4			5		1	2		6
							5	

정답은 **157쪽**에 있습니다.

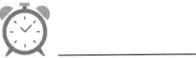

SUDOKU

111

★★★★

7			9	8	5			4
		9			1			
	5		7		2			
						1		5
	7				3	8		2
6			1					7
	2					4		3
4	1		2					
	9		3				7	

정답은 **157쪽**에 있습니다.

SUDOKU

112

★★★★

						4		6
	1	2		4	6			
			3				1	
	5		1	2				7
					7		6	
								3
	6	8		5		2		9
	4							5
5	2			3				4

정답은 **157쪽**에 있습니다.

SUDOKU

113

★★★★

				9				
7		9	5					
5	4					6		
				8				
	3			7	6			
	7		1		3		4	8
			7			8		1
9		3			1		2	5
6								9

정답은 **158쪽**에 있습니다.

SUDOKU

114

★★★★

			2		1	7		
1			6				9	
7				4			1	
				2			5	
8			1					2
	5	3		6				
			5					4
		1	4				2	
3	2		9				7	6

정답은 158쪽에 있습니다.

SUDOKU

115

★★★★

			5			8		
	7		4			2		
		8			9		7	6
		3			6			
			3				9	7
9		7			2	5		
				8			4	
4	8	9			5			1
	1		6					8

정답은 **158쪽**에 있습니다.

SUDOKU

116

★★★★

9				2			6	
	2		4		5	8		
			1	6				9
	6	2				3	7	8
			5					
		4						
2		1	8				3	
	8			7		5		
		5	2			9		

정답은 158쪽에 있습니다.

SUDOKU

117

★★★★

3				6	5	1		
			7					3
				2			4	6
4			5	1	9			
		7			2			
	5		4			2		
		2					6	
		4	3	5		7	9	
5	8							1

정답은 159쪽에 있습니다.

SUDOKU

118

★★★★

		1		2				9
			8					
		7	9			1		
			4		2	6		1
2				8		3		
				6			7	
7		6	2				1	
	3	5						2
				4	6	5		

정답은 **159쪽**에 있습니다.

SUDOKU

119

★★★★

			1				6	
	6			4				3
		2	3	9			4	8
	1					5		
8		6		7	2	1		
								4
		3		2	1			
				5	4			
		1					8	2

정답은 **159쪽**에 있습니다.

SUDOKU

120

★★★★

3		9					1	4
	5	4		3			6	
						7		9
	1				3		2	
	2		9					
		5						
7			8	6				
			3		5	4		
	3			9		1	7	

정답은 159쪽에 있습니다.

001

6	1	2	7	9	8	3	5	4
3	4	7	5	6	1	9	2	8
5	9	8	4	3	2	6	1	7
4	3	6	2	7	9	1	8	5
8	2	9	3	1	5	7	4	6
7	5	1	6	8	4	2	3	9
1	7	4	8	2	6	5	9	3
9	6	5	1	4	3	8	7	2
2	8	3	9	5	7	4	6	1

002

1	9	3	5	6	8	4	2	7
4	7	8	1	9	2	6	3	5
5	2	6	7	3	4	1	8	9
7	3	1	2	8	5	9	6	4
8	5	9	6	4	1	2	7	3
6	4	2	3	7	9	5	1	8
2	1	7	9	5	3	8	4	6
9	6	4	8	2	7	3	5	1
3	8	5	4	1	6	7	9	2

003

6	2	4	1	5	3	9	8	7
1	9	3	4	7	8	6	2	5
5	7	8	6	9	2	1	3	4
2	5	7	8	1	9	4	6	3
9	3	6	7	2	4	5	1	8
4	8	1	3	6	5	2	7	9
8	6	2	9	4	7	3	5	1
3	1	9	5	8	6	7	4	2
7	4	5	2	3	1	8	9	6

004

8	7	4	1	2	9	5	3	6
2	1	3	4	5	6	8	7	9
5	6	9	7	3	8	1	2	4
3	4	5	2	1	7	6	9	8
1	8	6	5	9	3	7	4	2
9	2	7	8	6	4	3	1	5
4	9	1	3	8	5	2	6	7
6	3	8	9	7	2	4	5	1
7	5	2	6	4	1	9	8	3

005

8	4	5	1	2	6	9	3	7
9	6	2	7	5	3	1	4	8
1	3	7	4	8	9	2	5	6
5	7	9	8	4	1	3	6	2
3	8	1	9	6	2	4	7	5
6	2	4	5	3	7	8	1	9
7	9	3	6	1	8	5	2	4
2	5	8	3	7	4	6	9	1
4	1	6	2	9	5	7	8	3

006

9	5	2	1	4	7	3	6	8
7	8	6	9	2	3	1	5	4
4	3	1	8	5	6	7	2	9
1	4	8	7	9	5	6	3	2
6	7	5	4	3	2	8	9	1
3	2	9	6	8	1	4	7	5
2	6	7	5	1	4	9	8	3
5	9	4	3	6	8	2	1	7
8	1	3	2	7	9	5	4	6

007

3	9	5	6	8	7	1	4	2
6	2	4	3	5	1	9	8	7
1	7	8	9	4	2	3	5	6
4	8	2	1	9	6	7	3	5
9	5	1	4	7	3	2	6	8
7	6	3	5	2	8	4	1	9
8	3	7	2	6	4	5	9	1
5	1	6	7	3	9	8	2	4
2	4	9	8	1	5	6	7	3

008

1	2	6	7	3	9	4	5	8
9	3	4	1	8	5	6	2	7
5	8	7	6	4	2	3	1	9
3	1	5	4	2	7	8	9	6
7	9	8	5	1	6	2	4	3
6	4	2	8	9	3	1	7	5
4	6	3	9	7	1	5	8	2
2	7	1	3	5	8	9	6	4
8	5	9	2	6	4	7	3	1

009

3	7	6	9	4	2	8	5	1
9	8	4	5	1	6	2	7	3
1	2	5	8	7	3	4	6	9
2	1	7	3	5	8	6	9	4
8	5	9	2	6	4	3	1	7
4	6	3	7	9	1	5	2	8
7	4	2	6	8	9	1	3	5
6	9	1	4	3	5	7	8	2
5	3	8	1	2	7	9	4	6

010

6	3	9	7	5	1	2	4	8
7	5	4	8	2	9	3	6	1
1	2	8	6	3	4	5	9	7
8	4	1	5	9	3	6	7	2
2	7	5	1	4	6	9	8	3
9	6	3	2	8	7	1	5	4
3	9	2	4	6	8	7	1	5
4	1	6	3	7	5	8	2	9
5	8	7	9	1	2	4	3	6

011

7	6	4	2	1	8	5	3	9
2	5	1	6	9	3	7	8	4
8	3	9	4	7	5	1	2	6
9	2	7	1	3	6	8	4	5
4	1	3	5	8	7	9	6	2
6	8	5	9	4	2	3	1	7
1	7	6	8	2	9	4	5	3
3	4	2	7	5	1	6	9	8
5	9	8	3	6	4	2	7	1

012

1	9	2	5	4	8	7	6	3
5	4	8	3	7	6	2	1	9
7	3	6	2	1	9	8	5	4
6	5	4	7	2	3	1	9	8
8	1	7	6	9	4	3	2	5
3	2	9	8	5	1	6	4	7
9	7	1	4	8	2	5	3	6
2	6	5	9	3	7	4	8	1
4	8	3	1	6	5	9	7	2

013

7	5	9	3	6	1	4	2	8
4	1	8	2	7	5	3	9	6
2	3	6	4	9	8	7	5	1
1	4	3	7	8	9	2	6	5
8	9	7	6	5	2	1	4	3
6	2	5	1	4	3	9	8	7
3	6	2	5	1	4	8	7	9
5	8	1	9	2	7	6	3	4
9	7	4	8	3	6	5	1	2

014

3	9	7	6	2	4	8	5	1
5	2	1	8	9	3	4	6	7
4	8	6	7	5	1	2	9	3
2	1	5	3	8	6	9	7	4
8	7	4	5	1	9	3	2	6
6	3	9	4	7	2	1	8	5
1	4	2	9	6	5	7	3	8
9	6	8	1	3	7	5	4	2
7	5	3	2	4	8	6	1	9

015

3	9	1	2	5	4	7	6	8
7	4	6	1	8	3	9	5	2
5	2	8	7	6	9	1	3	4
8	3	4	5	1	7	6	2	9
6	5	9	4	3	2	8	1	7
2	1	7	6	9	8	3	4	5
9	8	5	3	4	1	2	7	6
1	6	2	8	7	5	4	9	3
4	7	3	9	2	6	5	8	1

016

9	1	4	6	2	7	8	5	3
2	3	8	5	1	4	9	6	7
6	5	7	8	3	9	2	1	4
5	7	1	4	8	3	6	2	9
4	2	9	1	6	5	7	3	8
3	8	6	9	7	2	5	4	1
1	4	5	2	9	8	3	7	6
7	9	2	3	4	6	1	8	5
8	6	3	7	5	1	4	9	2

133

017

6	5	8	3	7	9	2	1	4
1	2	4	6	5	8	9	7	3
3	9	7	1	4	2	8	5	6
7	1	3	8	2	4	5	6	9
8	6	2	9	1	5	3	4	7
9	4	5	7	6	3	1	8	2
5	3	6	4	9	1	7	2	8
4	8	1	2	3	7	6	9	5
2	7	9	5	8	6	4	3	1

018

9	3	8	5	1	2	4	7	6
5	4	7	6	9	3	2	1	8
1	6	2	4	8	7	9	3	5
2	5	4	8	6	1	3	9	7
7	1	6	3	2	9	8	5	4
3	8	9	7	4	5	1	6	2
8	7	5	9	3	4	6	2	1
4	9	1	2	5	6	7	8	3
6	2	3	1	7	8	5	4	9

019

4	1	5	2	7	6	9	3	8
6	9	7	8	1	3	4	5	2
2	3	8	9	4	5	1	7	6
9	7	4	3	2	1	8	6	5
5	8	2	6	9	7	3	1	4
3	6	1	5	8	4	7	2	9
7	2	3	4	5	8	6	9	1
8	5	6	1	3	9	2	4	7
1	4	9	7	6	2	5	8	3

020

5	2	3	1	6	8	9	7	4
4	7	9	3	5	2	8	6	1
1	8	6	7	9	4	3	2	5
9	3	5	6	1	7	4	8	2
8	4	7	9	2	3	1	5	6
2	6	1	4	8	5	7	9	3
7	1	2	5	4	9	6	3	8
6	9	8	2	3	1	5	4	7
3	5	4	8	7	6	2	1	9

021

3	2	9	1	7	8	4	5	6
4	5	7	9	6	2	3	8	1
8	1	6	3	5	4	9	2	7
5	4	1	6	3	7	8	9	2
7	6	3	8	2	9	5	1	4
9	8	2	5	4	1	6	7	3
2	7	8	4	9	3	1	6	5
6	9	4	7	1	5	2	3	8
1	3	5	2	8	6	7	4	9

022

3	4	5	6	1	8	9	7	2
6	1	9	7	5	2	8	3	4
8	7	2	4	3	9	1	5	6
5	6	8	3	9	1	2	4	7
2	9	1	5	7	4	3	6	8
4	3	7	8	2	6	5	1	9
1	5	6	2	8	7	4	9	3
7	8	3	9	4	5	6	2	1
9	2	4	1	6	3	7	8	5

023

8	1	4	5	3	2	9	6	7
5	9	2	1	7	6	4	3	8
6	7	3	8	9	4	2	1	5
7	5	1	9	6	3	8	4	2
4	6	8	7	2	5	3	9	1
3	2	9	4	8	1	5	7	6
1	4	7	3	5	8	6	2	9
9	8	6	2	4	7	1	5	3
2	3	5	6	1	9	7	8	4

024

5	3	9	4	6	7	8	2	1
1	8	7	9	3	2	4	5	6
2	6	4	1	8	5	9	3	7
3	9	5	2	1	6	7	4	8
4	7	2	5	9	8	1	6	3
8	1	6	7	4	3	2	9	5
6	2	3	8	7	9	5	1	4
7	5	1	6	2	4	3	8	9
9	4	8	3	5	1	6	7	2

025

5	4	9	1	8	7	3	2	6
6	1	8	3	2	5	7	4	9
7	2	3	9	6	4	5	1	8
1	3	2	4	9	6	8	7	5
8	7	4	5	3	2	9	6	1
9	6	5	7	1	8	4	3	2
4	5	6	8	7	1	2	9	3
3	8	1	2	4	9	6	5	7
2	9	7	6	5	3	1	8	4

026

9	4	5	8	2	7	6	3	1
1	6	3	4	9	5	7	2	8
7	8	2	6	3	1	5	9	4
2	1	9	7	4	3	8	5	6
5	7	6	9	8	2	4	1	3
4	3	8	1	5	6	2	7	9
3	2	4	5	1	8	9	6	7
6	9	1	2	7	4	3	8	5
8	5	7	3	6	9	1	4	2

027

5	9	1	3	4	8	2	7	6
4	8	2	6	5	7	3	1	9
3	6	7	2	1	9	8	4	5
6	3	5	1	8	2	4	9	7
7	2	8	4	9	6	5	3	1
1	4	9	7	3	5	6	2	8
9	5	4	8	2	1	7	6	3
2	1	6	5	7	3	9	8	4
8	7	3	9	6	4	1	5	2

028

2	9	3	6	5	8	4	1	7
5	7	6	3	1	4	9	8	2
4	8	1	7	9	2	6	3	5
8	5	4	9	2	3	7	6	1
6	3	9	5	7	1	8	2	4
7	1	2	8	4	6	3	5	9
1	4	8	2	6	9	5	7	3
3	2	5	4	8	7	1	9	6
9	6	7	1	3	5	2	4	8

029

7	5	3	2	4	1	9	6	8
6	1	4	5	8	9	3	2	7
9	2	8	6	3	7	5	1	4
5	6	1	7	9	4	8	3	2
3	4	9	8	1	2	6	7	5
8	7	2	3	5	6	1	4	9
2	3	5	4	6	8	7	9	1
1	8	7	9	2	3	4	5	6
4	9	6	1	7	5	2	8	3

030

1	7	3	8	4	9	2	6	5
4	6	8	2	3	5	1	7	9
5	2	9	7	1	6	3	8	4
6	9	7	1	8	4	5	2	3
2	8	1	6	5	3	9	4	7
3	4	5	9	7	2	6	1	8
8	5	6	4	9	1	7	3	2
9	1	4	3	2	7	8	5	6
7	3	2	5	6	8	4	9	1

031

1	2	6	5	3	4	9	8	7
3	5	9	8	2	7	4	6	1
4	8	7	6	9	1	5	2	3
8	4	2	7	6	5	1	3	9
5	9	3	2	1	8	6	7	4
6	7	1	9	4	3	2	5	8
7	1	4	3	5	6	8	9	2
9	3	5	4	8	2	7	1	6
2	6	8	1	7	9	3	4	5

032

4	3	7	2	8	5	6	9	1
2	1	6	4	9	7	8	3	5
9	5	8	6	3	1	2	4	7
8	4	3	9	5	2	1	7	6
1	9	5	7	4	6	3	8	2
6	7	2	3	1	8	4	5	9
3	8	1	5	2	9	7	6	4
7	2	9	8	6	4	5	1	3
5	6	4	1	7	3	9	2	8

033

4	8	9	5	6	3	7	2	1
3	6	7	9	1	2	4	5	8
1	2	5	4	8	7	9	3	6
2	7	8	3	9	5	6	1	4
5	4	3	1	7	6	2	8	9
6	9	1	2	4	8	3	7	5
9	3	2	6	5	1	8	4	7
7	1	4	8	3	9	5	6	2
8	5	6	7	2	4	1	9	3

034

6	3	7	2	4	1	5	8	9
2	4	5	9	8	7	6	1	3
9	1	8	6	3	5	4	7	2
3	8	6	7	2	9	1	5	4
1	9	2	8	5	4	7	3	6
7	5	4	3	1	6	2	9	8
5	2	9	1	6	8	3	4	7
4	7	3	5	9	2	8	6	1
8	6	1	4	7	3	9	2	5

035

6	7	1	9	2	8	4	3	5
5	8	2	3	1	4	7	9	6
9	3	4	7	5	6	1	8	2
1	9	5	2	4	7	3	6	8
7	2	8	5	6	3	9	1	4
3	4	6	1	8	9	5	2	7
4	5	9	6	3	2	8	7	1
8	6	7	4	9	1	2	5	3
2	1	3	8	7	5	6	4	9

036

1	2	8	3	4	6	9	5	7
3	4	9	2	7	5	8	6	1
7	6	5	8	1	9	2	3	4
8	5	4	1	9	2	3	7	6
9	1	3	6	8	7	5	4	2
2	7	6	5	3	4	1	8	9
6	9	1	4	5	3	7	2	8
4	3	7	9	2	8	6	1	5
5	8	2	7	6	1	4	9	3

037

8	9	6	1	2	4	3	7	5
3	7	5	6	9	8	4	1	2
1	4	2	5	3	7	6	8	9
7	2	4	9	5	1	8	3	6
9	6	3	4	8	2	1	5	7
5	8	1	3	7	6	9	2	4
6	5	7	8	4	3	2	9	1
2	1	8	7	6	9	5	4	3
4	3	9	2	1	5	7	6	8

038

1	6	2	3	9	5	7	4	8
8	5	9	1	7	4	2	6	3
7	3	4	8	6	2	5	1	9
5	8	1	2	4	7	9	3	6
2	7	3	9	1	6	4	8	5
9	4	6	5	3	8	1	2	7
6	1	8	7	2	9	3	5	4
3	9	5	4	8	1	6	7	2
4	2	7	6	5	3	8	9	1

039

1	6	9	2	7	8	3	4	5
8	3	5	9	1	4	7	6	2
4	7	2	5	3	6	1	9	8
7	1	8	3	2	9	4	5	6
6	5	3	4	8	7	9	2	1
2	9	4	1	6	5	8	3	7
9	8	1	6	4	2	5	7	3
3	4	6	7	5	1	2	8	9
5	2	7	8	9	3	6	1	4

040

4	7	9	8	3	1	5	6	2
2	8	3	5	7	6	4	9	1
5	1	6	4	2	9	3	8	7
1	4	8	9	5	2	6	7	3
7	9	2	6	1	3	8	4	5
6	3	5	7	8	4	2	1	9
9	5	1	3	6	8	7	2	4
8	2	7	1	4	5	9	3	6
3	6	4	2	9	7	1	5	8

041

2	3	6	4	9	8	1	7	5
4	5	9	7	6	1	8	3	2
8	1	7	3	2	5	6	4	9
7	8	3	2	1	9	5	6	4
6	9	1	5	4	3	2	8	7
5	2	4	6	8	7	9	1	3
3	7	2	8	5	6	4	9	1
1	4	8	9	7	2	3	5	6
9	6	5	1	3	4	7	2	8

042

8	5	9	2	1	7	3	6	4
1	4	3	5	8	6	2	7	9
6	7	2	3	4	9	8	5	1
9	2	8	6	5	1	7	4	3
4	3	1	9	7	8	6	2	5
7	6	5	4	3	2	9	1	8
5	8	4	7	2	3	1	9	6
3	9	7	1	6	4	5	8	2
2	1	6	8	9	5	4	3	7

043

5	2	1	3	9	7	8	6	4
9	6	4	5	1	8	7	3	2
8	7	3	6	2	4	9	1	5
6	5	8	2	3	1	4	7	9
7	3	2	4	6	9	1	5	8
1	4	9	8	7	5	6	2	3
2	1	6	9	8	3	5	4	7
3	9	5	7	4	6	2	8	1
4	8	7	1	5	2	3	9	6

044

1	7	6	4	9	3	2	8	5
2	9	5	6	8	1	3	4	7
3	8	4	2	5	7	6	9	1
8	6	9	3	4	5	1	7	2
7	5	1	9	6	2	8	3	4
4	2	3	7	1	8	5	6	9
6	1	2	8	7	9	4	5	3
5	4	7	1	3	6	9	2	8
9	3	8	5	2	4	7	1	6

045

5	9	1	3	8	2	4	6	7
8	2	7	1	6	4	5	9	3
6	4	3	9	5	7	2	1	8
3	5	2	7	1	6	9	8	4
7	1	8	5	4	9	6	3	2
4	6	9	2	3	8	7	5	1
9	3	6	4	7	1	8	2	5
2	7	5	8	9	3	1	4	6
1	8	4	6	2	5	3	7	9

046

3	9	2	8	4	1	5	6	7
5	4	6	2	7	3	8	1	9
8	7	1	9	5	6	4	3	2
1	5	9	7	6	2	3	4	8
4	2	3	5	9	8	6	7	1
6	8	7	3	1	4	9	2	5
7	1	8	6	3	5	2	9	4
9	3	5	4	2	7	1	8	6
2	6	4	1	8	9	7	5	3

047

6	5	3	2	9	4	8	1	7
9	4	1	5	8	7	2	6	3
2	8	7	6	3	1	9	4	5
5	6	4	1	2	3	7	8	9
7	9	2	8	6	5	4	3	1
1	3	8	4	7	9	5	2	6
3	1	5	7	4	8	6	9	2
4	2	9	3	5	6	1	7	8
8	7	6	9	1	2	3	5	4

048

3	6	1	8	5	2	4	7	9
4	7	8	1	6	9	5	2	3
5	2	9	3	4	7	6	8	1
8	3	7	9	1	6	2	5	4
2	5	6	4	7	3	9	1	8
9	1	4	5	2	8	3	6	7
1	9	3	2	8	5	7	4	6
6	4	5	7	9	1	8	3	2
7	8	2	6	3	4	1	9	5

049

8	9	3	5	6	4	7	2	1
7	1	6	9	3	2	8	4	5
5	4	2	1	8	7	9	6	3
4	8	5	2	9	6	3	1	7
9	6	7	8	1	3	4	5	2
2	3	1	4	7	5	6	8	9
3	2	4	7	5	8	1	9	6
1	7	8	6	2	9	5	3	4
6	5	9	3	4	1	2	7	8

050

9	6	5	1	2	3	4	7	8
8	1	3	5	4	7	2	9	6
4	2	7	6	9	8	1	3	5
1	3	2	8	6	4	7	5	9
5	4	9	7	3	1	8	6	2
6	7	8	9	5	2	3	1	4
3	9	1	2	8	5	6	4	7
2	5	4	3	7	6	9	8	1
7	8	6	4	1	9	5	2	3

051

9	2	4	1	6	3	8	7	5
7	1	3	8	2	5	4	9	6
8	5	6	7	9	4	1	3	2
1	6	8	3	7	9	5	2	4
3	4	9	6	5	2	7	1	8
5	7	2	4	1	8	3	6	9
4	3	1	9	8	6	2	5	7
6	8	5	2	3	7	9	4	1
2	9	7	5	4	1	6	8	3

052

2	9	5	1	6	3	7	4	8
1	8	3	2	7	4	9	6	5
7	6	4	8	5	9	2	1	3
8	4	1	9	2	5	3	7	6
9	5	2	7	3	6	1	8	4
6	3	7	4	8	1	5	2	9
4	7	9	5	1	8	6	3	2
5	1	6	3	4	2	8	9	7
3	2	8	6	9	7	4	5	1

053

4	9	5	8	6	3	1	7	2
7	3	1	2	4	9	6	5	8
6	8	2	5	1	7	3	9	4
5	4	8	7	2	1	9	3	6
1	6	9	4	3	8	7	2	5
2	7	3	9	5	6	4	8	1
9	5	4	1	7	2	8	6	3
8	2	6	3	9	4	5	1	7
3	1	7	6	8	5	2	4	9

054

5	7	9	8	1	3	4	6	2
8	6	1	5	2	4	3	9	7
3	2	4	9	6	7	8	5	1
1	9	3	4	7	2	5	8	6
6	4	8	1	5	9	7	2	3
7	5	2	6	3	8	9	1	4
9	1	5	3	4	6	2	7	8
4	8	7	2	9	1	6	3	5
2	3	6	7	8	5	1	4	9

055

8	7	3	6	5	1	4	9	2
9	1	2	7	4	8	6	3	5
4	5	6	3	9	2	1	7	8
5	8	4	9	6	3	2	1	7
3	2	7	8	1	4	5	6	9
6	9	1	2	7	5	8	4	3
2	6	8	4	3	9	7	5	1
7	3	5	1	2	6	9	8	4
1	4	9	5	8	7	3	2	6

056

7	8	3	1	2	6	4	9	5
9	1	6	4	5	8	7	2	3
4	5	2	3	9	7	6	8	1
1	3	8	5	6	9	2	4	7
5	7	4	2	8	3	1	6	9
6	2	9	7	4	1	3	5	8
3	4	5	9	7	2	8	1	6
2	6	1	8	3	5	9	7	4
8	9	7	6	1	4	5	3	2

057

5	7	1	3	4	6	8	2	9
3	9	2	5	7	8	4	6	1
8	6	4	2	1	9	7	5	3
6	2	3	8	9	4	1	7	5
9	1	8	7	2	5	3	4	6
7	4	5	1	6	3	9	8	2
2	8	6	9	3	7	5	1	4
1	5	9	4	8	2	6	3	7
4	3	7	6	5	1	2	9	8

058

7	9	2	3	1	6	5	8	4
8	5	1	7	2	4	6	9	3
3	6	4	9	8	5	1	2	7
6	7	3	5	4	8	9	1	2
5	2	8	1	9	7	4	3	6
4	1	9	6	3	2	8	7	5
1	8	6	2	5	3	7	4	9
9	3	7	4	6	1	2	5	8
2	4	5	8	7	9	3	6	1

059

1	7	8	4	3	9	2	6	5
5	6	2	8	7	1	4	9	3
4	9	3	2	5	6	1	8	7
6	5	1	3	2	4	9	7	8
7	3	4	9	6	8	5	1	2
2	8	9	7	1	5	3	4	6
9	2	6	5	4	7	8	3	1
8	1	5	6	9	3	7	2	4
3	4	7	1	8	2	6	5	9

060

1	7	6	2	8	3	4	9	5
9	8	5	7	1	4	2	6	3
3	2	4	5	9	6	1	8	7
2	6	1	4	5	7	8	3	9
4	5	7	8	3	9	6	2	1
8	3	9	6	2	1	7	5	4
5	4	3	1	6	8	9	7	2
6	1	2	9	7	5	3	4	8
7	9	8	3	4	2	5	1	6

061

3	7	9	1	6	2	8	5	4
4	2	1	8	7	5	6	3	9
6	8	5	3	9	4	1	7	2
5	1	6	9	3	7	4	2	8
8	3	2	6	4	1	7	9	5
7	9	4	5	2	8	3	1	6
9	5	3	4	1	6	2	8	7
2	4	8	7	5	3	9	6	1
1	6	7	2	8	9	5	4	3

062

6	7	5	9	3	4	2	1	8
4	9	8	2	6	1	3	7	5
1	3	2	5	8	7	4	9	6
8	5	6	7	1	2	9	4	3
2	1	9	6	4	3	5	8	7
7	4	3	8	5	9	6	2	1
3	2	1	4	7	5	8	6	9
5	6	4	1	9	8	7	3	2
9	8	7	3	2	6	1	5	4

063

1	2	8	3	7	9	5	4	6
3	4	9	5	1	6	7	2	8
6	7	5	2	8	4	9	1	3
9	3	4	1	2	5	8	6	7
2	8	1	9	6	7	4	3	5
7	5	6	8	4	3	2	9	1
4	6	2	7	3	8	1	5	9
5	1	7	6	9	2	3	8	4
8	9	3	4	5	1	6	7	2

064

4	6	5	1	2	8	3	7	9
1	3	7	5	9	4	2	6	8
2	9	8	7	6	3	1	4	5
5	8	4	3	7	9	6	1	2
3	7	6	8	1	2	9	5	4
9	1	2	6	4	5	8	3	7
7	4	3	9	8	6	5	2	1
8	5	1	2	3	7	4	9	6
6	2	9	4	5	1	7	8	3

065

4	7	3	1	2	6	9	8	5
1	2	9	4	8	5	7	3	6
8	6	5	9	3	7	4	2	1
7	3	2	5	6	1	8	9	4
9	1	6	3	4	8	5	7	2
5	8	4	2	7	9	1	6	3
6	5	8	7	1	2	3	4	9
2	4	1	8	9	3	6	5	7
3	9	7	6	5	4	2	1	8

066

5	7	1	6	8	4	3	9	2
4	6	9	2	1	3	8	5	7
8	2	3	5	7	9	1	4	6
9	8	7	1	2	5	4	6	3
6	1	4	9	3	7	5	2	8
2	3	5	4	6	8	9	7	1
1	4	2	8	9	6	7	3	5
3	9	6	7	5	1	2	8	4
7	5	8	3	4	2	6	1	9

067

5	8	4	6	1	3	2	7	9
7	6	1	9	5	2	8	4	3
3	9	2	7	4	8	6	1	5
8	4	6	2	9	5	7	3	1
9	3	7	4	6	1	5	2	8
2	1	5	8	3	7	9	6	4
1	2	3	5	8	6	4	9	7
6	5	9	3	7	4	1	8	2
4	7	8	1	2	9	3	5	6

068

9	8	6	5	7	3	2	4	1
2	1	4	8	6	9	5	7	3
5	3	7	2	4	1	9	6	8
3	5	2	4	9	8	7	1	6
1	6	9	3	5	7	4	8	2
7	4	8	1	2	6	3	9	5
6	9	1	7	3	2	8	5	4
8	2	5	9	1	4	6	3	7
4	7	3	6	8	5	1	2	9

069

4	3	1	6	9	7	2	5	8
8	5	2	4	1	3	6	7	9
6	9	7	8	5	2	3	1	4
1	6	5	7	4	8	9	2	3
7	4	3	2	6	9	1	8	5
9	2	8	5	3	1	4	6	7
2	7	4	9	8	6	5	3	1
3	8	9	1	2	5	7	4	6
5	1	6	3	7	4	8	9	2

070

5	1	7	2	9	4	6	3	8
9	2	4	6	3	8	1	7	5
3	6	8	1	5	7	2	4	9
7	9	1	4	6	3	8	5	2
8	5	3	9	2	1	4	6	7
2	4	6	7	8	5	3	9	1
1	3	5	8	7	6	9	2	4
4	7	2	3	1	9	5	8	6
6	8	9	5	4	2	7	1	3

071

6	8	7	3	4	2	1	9	5
2	4	5	7	9	1	8	3	6
1	3	9	5	6	8	4	2	7
3	9	4	8	7	6	5	1	2
8	6	2	4	1	5	3	7	9
7	5	1	2	3	9	6	8	4
4	2	6	9	8	3	7	5	1
5	7	8	1	2	4	9	6	3
9	1	3	6	5	7	2	4	8

072

5	2	3	7	1	6	9	8	4
7	1	9	2	4	8	6	3	5
4	8	6	5	3	9	7	2	1
6	5	7	9	8	1	2	4	3
9	3	1	6	2	4	5	7	8
8	4	2	3	7	5	1	9	6
1	6	4	8	9	2	3	5	7
3	9	8	1	5	7	4	6	2
2	7	5	4	6	3	8	1	9

073

9	5	6	7	1	2	3	4	8
1	8	7	9	3	4	2	5	6
4	3	2	5	8	6	1	9	7
8	1	4	3	5	7	6	2	9
6	2	5	8	4	9	7	1	3
3	7	9	2	6	1	4	8	5
2	9	1	6	7	5	8	3	4
5	6	3	4	2	8	9	7	1
7	4	8	1	9	3	5	6	2

074

5	9	7	1	4	8	2	3	6
2	4	1	6	3	5	9	7	8
6	8	3	7	2	9	1	4	5
1	7	4	2	5	3	8	6	9
3	6	5	8	9	1	4	2	7
9	2	8	4	6	7	5	1	3
8	3	2	9	7	4	6	5	1
7	1	6	5	8	2	3	9	4
4	5	9	3	1	6	7	8	2

075

5	3	6	9	1	8	7	2	4
4	2	9	5	6	7	8	1	3
8	7	1	3	2	4	6	5	9
9	8	3	1	7	5	4	6	2
1	6	4	2	8	3	5	9	7
2	5	7	4	9	6	1	3	8
7	9	8	6	3	1	2	4	5
3	1	5	8	4	2	9	7	6
6	4	2	7	5	9	3	8	1

076

6	7	1	9	5	4	3	8	2
2	3	5	7	8	1	4	6	9
8	4	9	6	2	3	7	5	1
3	5	2	8	4	6	9	1	7
4	6	8	1	9	7	5	2	3
1	9	7	2	3	5	6	4	8
9	2	3	5	6	8	1	7	4
7	8	6	4	1	9	2	3	5
5	1	4	3	7	2	8	9	6

077

6	3	2	8	1	7	9	5	4
9	4	8	2	6	5	7	3	1
1	5	7	4	9	3	8	2	6
2	7	5	6	3	4	1	8	9
3	9	4	7	8	1	5	6	2
8	1	6	9	5	2	3	4	7
5	8	9	1	2	6	4	7	3
7	6	3	5	4	9	2	1	8
4	2	1	3	7	8	6	9	5

078

1	8	3	9	5	7	2	4	6
4	7	6	2	8	1	5	3	9
9	2	5	4	6	3	7	1	8
7	9	1	8	3	4	6	2	5
5	6	4	7	9	2	1	8	3
8	3	2	6	1	5	9	7	4
2	5	7	3	4	9	8	6	1
3	1	8	5	2	6	4	9	7
6	4	9	1	7	8	3	5	2

079

3	6	2	5	1	7	9	8	4
4	7	9	6	8	3	5	1	2
5	1	8	4	2	9	7	3	6
1	9	7	8	4	5	2	6	3
6	8	3	9	7	2	1	4	5
2	5	4	3	6	1	8	7	9
9	2	1	7	3	6	4	5	8
8	3	5	1	9	4	6	2	7
7	4	6	2	5	8	3	9	1

080

6	3	8	1	4	7	5	2	9
5	4	9	8	6	2	1	7	3
7	2	1	9	3	5	8	6	4
2	5	3	4	9	1	7	8	6
8	7	4	5	2	6	3	9	1
9	1	6	7	8	3	2	4	5
4	8	7	3	1	9	6	5	2
1	9	2	6	5	8	4	3	7
3	6	5	2	7	4	9	1	8

081

2	1	5	4	3	9	6	7	8
8	4	6	7	2	5	9	1	3
7	9	3	1	6	8	2	5	4
1	3	8	6	7	2	4	9	5
5	6	4	9	8	3	1	2	7
9	2	7	5	1	4	8	3	6
3	7	1	2	4	6	5	8	9
4	8	9	3	5	1	7	6	2
6	5	2	8	9	7	3	4	1

082

1	6	5	9	7	3	4	8	2
3	9	8	6	4	2	5	7	1
2	4	7	1	8	5	6	9	3
8	2	9	5	1	4	3	6	7
4	7	1	3	6	9	2	5	8
5	3	6	8	2	7	1	4	9
9	8	4	2	5	1	7	3	6
7	1	3	4	9	6	8	2	5
6	5	2	7	3	8	9	1	4

083

4	6	2	7	9	1	5	3	8
8	3	9	2	5	4	6	1	7
5	1	7	8	6	3	4	9	2
2	4	5	1	8	6	9	7	3
3	8	6	5	7	9	2	4	1
9	7	1	4	3	2	8	5	6
7	5	3	9	2	8	1	6	4
1	9	8	6	4	7	3	2	5
6	2	4	3	1	5	7	8	9

084

8	5	4	6	9	7	1	2	3
3	6	1	8	2	4	9	5	7
9	2	7	5	1	3	6	4	8
6	4	3	9	7	1	5	8	2
5	8	9	2	4	6	3	7	1
1	7	2	3	8	5	4	9	6
4	1	6	7	5	8	2	3	9
2	3	8	4	6	9	7	1	5
7	9	5	1	3	2	8	6	4

085

2	1	9	5	7	4	8	6	3
6	7	4	8	2	3	9	5	1
5	3	8	9	1	6	2	4	7
1	4	2	3	8	5	6	7	9
8	6	3	7	4	9	1	2	5
9	5	7	1	6	2	4	3	8
4	8	1	6	3	7	5	9	2
7	2	5	4	9	8	3	1	6
3	9	6	2	5	1	7	8	4

086

3	1	5	8	4	2	9	7	6
9	4	8	3	7	6	2	1	5
6	2	7	9	5	1	4	8	3
5	6	4	1	8	9	3	2	7
8	7	3	2	6	5	1	4	9
2	9	1	7	3	4	6	5	8
4	5	2	6	9	7	8	3	1
1	3	6	5	2	8	7	9	4
7	8	9	4	1	3	5	6	2

087

8	4	7	2	5	1	3	9	6
2	6	5	7	9	3	1	4	8
3	1	9	4	8	6	5	7	2
9	7	3	6	4	2	8	1	5
1	5	6	8	7	9	2	3	4
4	2	8	1	3	5	7	6	9
7	3	2	9	6	8	4	5	1
6	8	4	5	1	7	9	2	3
5	9	1	3	2	4	6	8	7

088

6	1	7	3	9	8	4	5	2
3	9	8	5	2	4	7	6	1
4	5	2	7	1	6	3	8	9
2	4	9	8	3	5	1	7	6
1	6	5	2	7	9	8	3	4
8	7	3	4	6	1	2	9	5
7	3	1	9	5	2	6	4	8
9	8	6	1	4	3	5	2	7
5	2	4	6	8	7	9	1	3

089

1	2	9	3	6	5	4	7	8
4	3	6	7	2	8	9	1	5
8	7	5	9	1	4	3	2	6
2	5	7	6	3	1	8	4	9
3	4	1	8	9	2	6	5	7
6	9	8	4	5	7	1	3	2
9	1	4	2	7	6	5	8	3
5	6	2	1	8	3	7	9	4
7	8	3	5	4	9	2	6	1

090

5	1	7	4	3	9	8	2	6
9	8	2	6	7	5	3	1	4
6	3	4	2	1	8	9	5	7
1	9	5	7	2	4	6	8	3
8	7	6	5	9	3	1	4	2
2	4	3	1	8	6	5	7	9
7	6	8	9	4	1	2	3	5
3	2	9	8	5	7	4	6	1
4	5	1	3	6	2	7	9	8

091

7	4	1	6	2	8	5	3	9
5	3	2	1	7	9	8	4	6
9	8	6	4	3	5	2	1	7
4	6	5	3	8	7	1	9	2
8	9	3	2	5	1	7	6	4
2	1	7	9	4	6	3	8	5
1	5	9	8	6	2	4	7	3
6	2	4	7	1	3	9	5	8
3	7	8	5	9	4	6	2	1

092

1	6	9	2	4	7	5	3	8
3	4	5	1	9	8	6	7	2
8	2	7	5	6	3	1	4	9
2	7	3	8	1	5	9	6	4
5	1	4	9	2	6	3	8	7
6	9	8	7	3	4	2	5	1
9	8	6	3	7	2	4	1	5
7	3	1	4	5	9	8	2	6
4	5	2	6	8	1	7	9	3

093

8	1	2	9	6	4	7	5	3
4	3	5	1	7	2	8	6	9
9	7	6	3	5	8	2	1	4
6	2	3	8	1	5	4	9	7
1	4	8	6	9	7	3	2	5
5	9	7	4	2	3	6	8	1
2	8	1	7	4	9	5	3	6
3	6	4	5	8	1	9	7	2
7	5	9	2	3	6	1	4	8

094

6	1	2	7	8	5	4	3	9
9	7	3	1	6	4	5	2	8
5	8	4	2	3	9	7	1	6
1	4	7	9	2	8	3	6	5
3	5	6	4	7	1	9	8	2
2	9	8	3	5	6	1	4	7
8	3	9	5	1	2	6	7	4
7	6	5	8	4	3	2	9	1
4	2	1	6	9	7	8	5	3

095

3	6	1	2	4	5	8	9	7
8	9	7	6	1	3	4	2	5
2	5	4	8	7	9	6	3	1
4	2	6	1	8	7	9	5	3
9	8	5	3	2	6	7	1	4
1	7	3	5	9	4	2	8	6
6	3	8	7	5	2	1	4	9
7	4	2	9	3	1	5	6	8
5	1	9	4	6	8	3	7	2

096

9	1	3	8	5	2	4	7	6
5	8	6	7	9	4	1	2	3
7	2	4	1	6	3	8	9	5
8	9	1	3	2	6	5	4	7
3	6	7	4	1	5	9	8	2
2	4	5	9	8	7	3	6	1
6	7	8	5	3	9	2	1	4
1	3	2	6	4	8	7	5	9
4	5	9	2	7	1	6	3	8

097

6	3	9	8	7	2	5	1	4
7	4	1	9	6	5	2	3	8
2	8	5	1	3	4	7	9	6
5	7	2	4	8	3	1	6	9
1	9	4	2	5	6	8	7	3
8	6	3	7	9	1	4	2	5
3	2	7	6	4	8	9	5	1
9	5	8	3	1	7	6	4	2
4	1	6	5	2	9	3	8	7

098

1	2	4	7	9	3	8	5	6
6	7	3	4	5	8	2	1	9
9	5	8	2	6	1	3	4	7
2	1	9	8	4	6	5	7	3
7	8	5	1	3	9	6	2	4
3	4	6	5	7	2	1	9	8
5	3	2	9	8	4	7	6	1
4	6	7	3	1	5	9	8	2
8	9	1	6	2	7	4	3	5

099

9	6	5	2	1	8	7	3	4
1	8	2	4	7	3	9	5	6
4	3	7	5	9	6	1	2	8
5	1	3	8	6	4	2	7	9
8	9	4	3	2	7	6	1	5
2	7	6	9	5	1	4	8	3
7	2	8	6	3	9	5	4	1
3	5	9	1	4	2	8	6	7
6	4	1	7	8	5	3	9	2

100

6	5	1	7	8	4	9	3	2
3	9	2	1	5	6	7	8	4
7	8	4	9	2	3	5	6	1
8	6	7	3	1	2	4	9	5
5	2	9	4	6	8	1	7	3
1	4	3	5	9	7	6	2	8
2	7	8	6	4	1	3	5	9
4	3	5	8	7	9	2	1	6
9	1	6	2	3	5	8	4	7

101

4	3	8	5	7	9	2	1	6
5	9	6	2	8	1	4	7	3
7	1	2	6	3	4	9	5	8
2	7	3	8	6	5	1	4	9
9	5	4	1	2	3	6	8	7
6	8	1	9	4	7	5	3	2
8	4	5	7	9	6	3	2	1
1	6	7	3	5	2	8	9	4
3	2	9	4	1	8	7	6	5

102

8	1	2	4	7	6	5	3	9
6	9	5	1	3	8	7	4	2
3	4	7	2	5	9	1	8	6
9	5	8	7	1	2	4	6	3
2	6	3	8	4	5	9	1	7
4	7	1	6	9	3	8	2	5
1	2	6	9	8	7	3	5	4
7	3	4	5	6	1	2	9	8
5	8	9	3	2	4	6	7	1

103

3	4	1	8	7	2	6	5	9
2	7	5	3	6	9	1	8	4
6	8	9	1	5	4	3	2	7
5	6	8	2	1	7	9	4	3
7	3	4	6	9	5	2	1	8
1	9	2	4	3	8	5	7	6
9	1	7	5	4	3	8	6	2
8	5	3	7	2	6	4	9	1
4	2	6	9	8	1	7	3	5

104

2	1	3	8	9	4	7	6	5
5	8	7	3	1	6	9	2	4
4	9	6	5	2	7	3	1	8
6	4	2	7	3	1	5	8	9
8	5	9	4	6	2	1	3	7
3	7	1	9	8	5	6	4	2
7	6	5	1	4	8	2	9	3
1	3	8	2	5	9	4	7	6
9	2	4	6	7	3	8	5	1

105

6	1	5	8	9	4	7	2	3
3	7	8	5	2	6	9	4	1
2	4	9	7	3	1	5	6	8
9	8	7	2	6	3	1	5	4
1	2	6	4	5	8	3	7	9
4	5	3	9	1	7	2	8	6
8	9	1	6	7	5	4	3	2
5	6	2	3	4	9	8	1	7
7	3	4	1	8	2	6	9	5

106

3	7	9	8	1	5	2	6	4
6	8	2	3	4	9	5	7	1
4	1	5	2	7	6	9	3	8
1	2	7	6	3	4	8	5	9
8	9	3	1	5	7	4	2	6
5	4	6	9	8	2	7	1	3
9	6	4	7	2	1	3	8	5
2	5	8	4	6	3	1	9	7
7	3	1	5	9	8	6	4	2

107

1	4	7	9	6	2	3	5	8
5	6	9	3	7	8	1	4	2
2	8	3	5	1	4	7	9	6
3	5	6	1	4	9	8	2	7
7	9	1	2	8	5	4	6	3
4	2	8	7	3	6	5	1	9
6	3	5	8	9	1	2	7	4
8	1	4	6	2	7	9	3	5
9	7	2	4	5	3	6	8	1

108

2	9	7	3	5	6	4	8	1
1	4	6	7	9	8	5	3	2
5	3	8	2	4	1	6	7	9
8	1	3	4	6	5	9	2	7
7	5	9	8	3	2	1	4	6
6	2	4	9	1	7	8	5	3
3	6	2	1	8	4	7	9	5
9	8	5	6	7	3	2	1	4
4	7	1	5	2	9	3	6	8

109

6	5	9	8	1	3	2	4	7
8	4	2	5	7	9	6	1	3
7	3	1	2	6	4	9	8	5
5	8	7	6	9	1	3	2	4
9	2	6	4	3	8	7	5	1
4	1	3	7	2	5	8	9	6
2	9	5	3	4	6	1	7	8
1	6	4	9	8	7	5	3	2
3	7	8	1	5	2	4	6	9

110

1	3	7	9	5	6	8	4	2
9	8	5	1	4	2	6	3	7
6	4	2	8	7	3	5	9	1
3	5	4	2	1	9	7	6	8
8	1	6	4	3	7	9	2	5
7	2	9	6	8	5	3	1	4
5	6	1	3	2	8	4	7	9
4	7	3	5	9	1	2	8	6
2	9	8	7	6	4	1	5	3

111

7	6	1	9	8	5	3	2	4
2	4	9	6	3	1	7	5	8
3	5	8	7	4	2	6	1	9
9	8	2	4	6	7	1	3	5
1	7	4	5	9	3	8	6	2
6	3	5	1	2	8	9	4	7
5	2	7	8	1	6	4	9	3
4	1	3	2	7	9	5	8	6
8	9	6	3	5	4	2	7	1

112

8	3	5	2	7	1	4	9	6
7	1	2	9	4	6	3	5	8
6	9	4	3	8	5	7	1	2
9	5	6	1	2	3	8	4	7
2	8	3	4	9	7	5	6	1
4	7	1	5	6	8	9	2	3
1	6	8	7	5	4	2	3	9
3	4	9	8	1	2	6	7	5
5	2	7	6	3	9	1	8	4

113

3	2	1	6	9	7	5	8	4
7	6	9	5	4	8	2	1	3
5	4	8	3	1	2	6	9	7
1	9	5	2	8	4	3	7	6
8	3	4	9	7	6	1	5	2
2	7	6	1	5	3	9	4	8
4	5	2	7	3	9	8	6	1
9	8	3	4	6	1	7	2	5
6	1	7	8	2	5	4	3	9

114

9	4	5	2	8	1	7	6	3
1	3	2	6	5	7	4	9	8
7	8	6	3	4	9	2	1	5
4	1	9	8	2	3	6	5	7
8	6	7	1	9	5	3	4	2
2	5	3	7	6	4	9	8	1
6	9	8	5	7	2	1	3	4
5	7	1	4	3	6	8	2	9
3	2	4	9	1	8	5	7	6

115

2	9	4	5	6	7	8	1	3
1	7	6	4	3	8	2	5	9
3	5	8	1	2	9	4	7	6
5	4	3	7	9	6	1	8	2
8	2	1	3	5	4	6	9	7
9	6	7	8	1	2	5	3	4
6	3	2	9	8	1	7	4	5
4	8	9	2	7	5	3	6	1
7	1	5	6	4	3	9	2	8

116

9	1	8	3	2	7	4	6	5
7	2	6	4	9	5	8	1	3
4	5	3	1	6	8	7	2	9
5	6	2	9	1	4	3	7	8
1	3	7	5	8	6	2	9	4
8	9	4	7	3	2	1	5	6
2	4	1	8	5	9	6	3	7
3	8	9	6	7	1	5	4	2
6	7	5	2	4	3	9	8	1

117

3	4	8	9	6	5	1	2	7
2	6	5	7	4	1	9	8	3
9	7	1	8	2	3	5	4	6
4	2	3	5	1	9	6	7	8
1	9	7	6	8	2	3	5	4
8	5	6	4	3	7	2	1	9
7	3	2	1	9	4	8	6	5
6	1	4	3	5	8	7	9	2
5	8	9	2	7	6	4	3	1

118

3	5	1	6	2	7	8	4	9
6	9	4	8	1	3	7	2	5
8	2	7	9	5	4	1	3	6
5	7	8	4	3	2	6	9	1
2	6	9	7	8	1	3	5	4
1	4	3	5	6	9	2	7	8
7	8	6	2	9	5	4	1	3
4	3	5	1	7	8	9	6	2
9	1	2	3	4	6	5	8	7

119

9	3	4	1	8	7	2	6	5
7	6	8	2	4	5	9	1	3
1	5	2	3	9	6	7	4	8
2	1	9	4	3	8	5	7	6
8	4	6	5	7	2	1	3	9
3	7	5	6	1	9	8	2	4
4	8	3	9	2	1	6	5	7
6	2	7	8	5	4	3	9	1
5	9	1	7	6	3	4	8	2

120

3	7	9	2	8	6	5	1	4
1	5	4	7	3	9	2	6	8
2	8	6	5	1	4	7	3	9
9	1	7	6	4	3	8	2	5
8	2	3	9	5	7	6	4	1
4	6	5	1	2	8	3	9	7
7	4	2	8	6	1	9	5	3
6	9	1	3	7	5	4	8	2
5	3	8	4	9	2	1	7	6

The 모두의 스도쿠 N°3

초판발행 : 2025년 9월 25일
2쇄발행 : 2026년 1월 15일

지 은 이 l 스도쿠 크리에이터
펴 낸 이 l 고명흠
펴 낸 곳 l 랜딩북스

출판등록 l 2019년 5월 21일 제2019-000050호
주   소 l 서울시 서대문구 세검정로1길 93,
             벽산아파트 상가 A동 304호
전   화 l (02)356-8402 / FAX (02)356-8404
E-MAIL   l landingbooks@daum.net
홈페이지 l www.munyei.com

ISBN 979-11-91895-42-1 (10410)